中国航天科技集团公司

航天科技人才成长之路

——高层次科技人才培养规律

U0274426

中国宇航出版社

·北京·

图书在版编目(CIP)数据

航天科技人才成长之路：高层次科技人才培养规律/ 中国航天科技集团公司编. -- 北京 ： 中国宇航出版社，2011.7

ISBN 978-7-5159-0016-2

Ⅰ. ①航… Ⅱ. ①中… Ⅲ. ①航天科技－人才成长－研究－中国 Ⅳ. ①V1

中国版本图书馆 CIP 数据核字(2011)第 140232 号

责任编辑 曹晓勇　　**责任校对** 王 妍　　**装帧设计** 03工舍

出版发行	中国宇航出版社
社　址	北京市阜成路8号　　邮编 100830
	(010)68768548
网　址	www.caphbook.com
经　销	新华书店
发行部	(010)68371900　　(010)88530478(传真)
	(010)68768541　　(010)68767294(传真)
零售店	读者服务部　　北京宇航文苑
	(010)68371105　　(010)62529336
承　印	北京画中画印刷有限公司
版　次	2011 年 8 月第 1 版　　2011 年 8 月第 1 次印刷
规　格	850 × 1168　　开　本 1/32
印　张	3.5　　字　数 53 千字
书　号	ISBN 978-7-5159-0016-2
定　价	18.00 元

序

  航天事业是一个国家综合实力的重要标志。半个多世纪以来，在党中央、国务院、中央军委的亲切关怀和英明领导下，我国一代又一代航天工作者，肩负党和人民重托，发扬自力更生精神，团结一心、顽强拼搏，勇于创新、无私奉献，取得了以"两弹一星"、载人航天工程和月球探测工程三大里程碑为代表的辉煌成就，为增强我国经济实力、科技实力、国防实力和民族凝聚力作出了杰出贡献。

  发展航天事业关键靠科技创新，根本上要靠科技人才。中国航天科技集团公司作为高科技战略型企业集团，在推动我国航天事业迅猛发展的同时，在高科技人才队伍建设方面同样取得了辉煌成就。在航天事业初创时期，以钱学森为代表的第一代航天人白手起家；在航天事业成长时期，以孙家栋为代表的航天英才延续辉煌；在新时期，新一代航天高层次科技人才更是群英荟萃，为我国航天事业更好更快发展正在发挥着重要作用。取得这样的成绩，关键在于高度重视科技人才工作，特别是注重遵循人才成长规律，突出实践成才特色，激发人才成长的内生动力。近期，该公司结合自身发展历程和特点，从总结典型人物成长案例入手，研究提炼了航天骨干、专才、将才、帅才和大家等五个层次科技人才的基本特征、角色定位和成长规律，形成了《航天科技人才成长之路》。该书既有组织培养的经验，又有典型案例的介绍；既有成功做法的总结，又有理论认识的提炼；不仅对于中国航天科技集团公司进一步加强和改进科技人才工作具有积极作用，而且为国有企业加强科技人才队伍建设提供了有益借鉴。

企以才治，业以才兴。中央企业做强做优、培育世界一流企业，必须拥有世界一流人才。希望包括中国航天科技集团公司在内的中央企业以邓小平理论和"三个代表"重要思想为指导，深入贯彻落实科学发展观，坚持服务发展、人才优先、以用为本、创新机制、高端引领、整体开发的方针，遵循企业发展规律和科技人才成长规律，大力实施人才强企战略，统筹开发利用企业内外、国内国外科技人才资源，以造就战略科学家和科技领军人才为引领，以培养创新型科技人才为重点，全面加强科技人才队伍建设，为实现"做强做优、世界一流"战略目标提供坚强的人才保证，在建设创新型国家、实现中华民族伟大复兴的新征程中作出更大贡献！

国务院国有资产
监督管理委员会主任

2011年6月8日

目　录

第一章

航天辉煌 人才铸就

一、航天人才成就辉煌事业

中国航天事业自1956年创建以来，在一大批敢为人先、勇于创新的科技人才群体的引领下，在探索中起步，在创新中发展，构建了专业齐全、功能配套、设施完备的航天科技工业体系，掌握了一大批具有自主知识产权的核心技术，积累了独具特色的航天系统工程管理经验，取得了以"两弹一星"、载人航天工程和月球探测工程三大里程碑为代表的辉煌成就，孕育形成了航天（传统）精神、"两弹一星"精神和载人航天精神，也造就了一支

技术精湛、作风优良的航天人才队伍。

人才是航天的发动机，航天是人才的推进器。航天科技人才群体，是推动航天事业发展的动力源泉。航天事业的飞速发展，也为航天科技人才铺就了成长之路。中国航天半个多世纪的发展史，既是人才成就事业的历史，也是事业造就人才的历史。

1956年10月8日，中国第一个导弹、火箭研究机构——国防部第五研究院成立，由著名科学家钱学森担任院长。中国的航天事业自此起步。

在航天事业初创期，以钱学森、任新民、屠守锷、黄纬禄、梁守槃等一批著名科学家和技术专家为代表的第一代航天人，从零开始，白手起家，艰苦创业，克服重重困难，为中国航天事业的发展作出了不可磨灭的开创性贡献。

1960年11月15日，我国第一枚导弹飞行试验成

功，1964年10月16日，第一颗原子弹爆炸成功；1966年10月27日，首次原子弹与导弹两弹结合试验取得圆满成功；1970年4月24日，第一颗人造地球卫星东方红一号发射成功。"两弹一星"是20世纪下半叶中华民族创建的辉煌伟业，是中国航天事业发展史上的第一个里程碑。

改革开放以来，随着国家经济发展水平和综合国力的不断提高，航天事业也进入了快速发展时期。以孙家栋、王永志、戚发轫、龙乐豪等留学国外和新中国培养起来的优秀大学毕业生为代表的航天人才队伍，瞄准世界先进水平，攻坚克难，顽强拼搏，将航天事业推向了一个新高度。

2003年10月15日，我国第一艘载人飞船神舟五号发射成功，实现了中华民族的千年飞天梦，这是中国航天事业发展史上的第二个里程碑。2005年10月12日，神舟六号载人飞船发射升空，实现了多人

多天太空飞行；2008年9月25日，神舟七号载人飞船成功发射，实现了中国人第一次太空行走。

2007年10月24日，我国第一颗探月卫星嫦娥一号成功发射，并实现绕月飞行，这是中国航天事业发展史上的第三个里程碑。2010年10月1日，嫦娥二号卫星成功发射，为我国深空探测的进一步开展奠定了坚实基础。

目前，中国航天科技集团公司（以下简称集团公司）承担着载人航天工程、月球探测工程、高分辨率对地观测系统、新一代运载火箭等多项重大工程的研制任务，并正向深空探测、载人登月等世界航天科技前沿奋力攀登。伴随着中国航天事业的飞速发展，一大批中青年科技人才迅速成长起来，现已形成了以30名院士、100余名国家级专家、近200名学术技术带头人、350多名型号领军人才为代表的高层次科技人才群体，他们勇挑历史重任，在型号科研生产实践中，用一次次的圆满成功把我国的航天事业推向前进。

二、航天科技人才的层次划分与特点

科技人才是指直接从事科技活动的人才，大致包含三个要素：具有专门的知识和技能，从事科学或技术工作，具有较高的创造力。航天高层次科技人才，则是具有科学求实精神、较高的学术造诣和较强的自主创新能力，能够创造性地完成航天科研生产任务的优秀人才。

航天工程是跨学科集成、跨部门协作的庞大系统工程，涉及多个专业领域和研究单位，集团公司在航天系统工程管理思想指导下，组建完善了适应事业发展需求的技术创新体系，形成了产学研相结合的开放式创新平台，为自主创新提供了有力保障，也为高层次科技人才成长提供了沃土和通道。航天高层次科技人才在技术创新体系中不断成长，逐渐形成了具有中国航天特色的人才成长规律。

集团公司在型号研制过程中，结合研发、设计、工艺等不同技术岗位，设有专业主管师、正副主任师、正副总师和正副总指挥等7个职务序列。按照系统工程思想分析航天工程实践和科技人才的成长历程，可以将航天科技人才分为骨干、专才、将才、帅才和大家等五个层次。

航天骨干是承担航天重大工程任务的主体力量，是航天人才队伍的中坚，其角色定位为型号专业主管，作用为独立解决工程实际问题；专才在某一专业领域潜心钻研，长期磨炼，具有较深的技术造诣，其角色定位为专业学术带头人，作用为主导专业技术发展；将才既懂技术又善管理、素质全面，其角色定位为型号总指挥、总设计师，作用为航天工程型号的领导者；帅才能够总揽全局、把握方向、慧眼识人、运筹帷幄，其角色定位为重大工

表1-1 航天科技人才的角色与作用

层次	角 色	作 用
骨干	专业主管等	独立解决工程实际问题
专才	学术带头人等	主导专业技术发展
将才	型号总指挥、总设计师等	组织领导航天工程型号研制
帅才	重大工程总师、系列总师、领域首席专家等	创造性地解决重大关键技术问题，实现航天技术里程碑式跨越
大家	学术巨擘	开拓航天技术领域

程总师、型号系列总师、领域首席专家，作用为实现航天技术里程碑式跨越的核心；大家则是我国航天技术的开拓者、奠基人，是受人尊重的科学家和学术巨擘，其角色定位为学术权威，作用为技术领域的奠基人和技术发展的领路人。航天科技人才的角色与作用见表1-1。

这五个层次的人才群体在角色定位、工程经历和作用等方面具有比较明显的特征。一般情况下，从骨干到帅才的培养应循序渐进。特殊情况下，专才在所从事的专业领域也能进入人才梯次的最顶层。航天科技人才的梯次关系如图1-1所示。

图1-1　航天科技人才的梯次关系

通过分析航天骨干、专才、将才、帅才、大家的成长历程，他们存在的共性特点，主要反映在知识跨度、能力层次、思维特点和品格特质等四个方面，其中，知识跨度是人才成长的支撑，能力层次是人才成长的保证，思维特点是人才成长的关键，品格特质是人才成长的动力，这四个方面围绕工程实践这个核心共同发挥作用，推动人才成长。航天科技人才共性特点内在关系如图1-2所示。

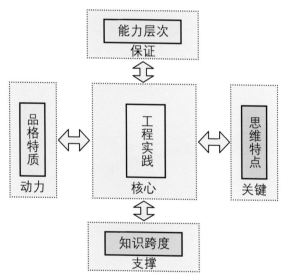

图1-2 航天科技人才共性特点内在关系示意图

一般而言，人才的成长会受到外部环境和内部因素共同作用的影响。外部环境是条件，包括组织环境、社会环境和自然环境；内部因素是关键，包括观察、记忆、思维等智力因素以及动机、兴趣、意志等非智力因素。外部环境通过内部因素起作用，当外部环境给人才提供适当的平台，个人可以在自身成才的内因驱动下顺利成长，并按照预期目标成才。人才成长内外因作用模型如图1-3所示。

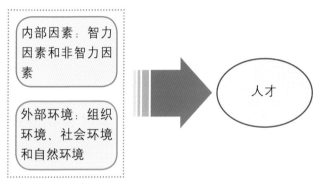

图1-3 人才成长内外因作用模型

对于航天科技人才而言，其成长更为复杂，并受到多种必然因素和偶然因素共同作用的影响。通过科学分析和归纳航天科技人才成长历程，发现他们在精修专业、成就事业的同时，十分注重自身品德修养的提升和科学求实、严肃认真的科学作风的培养，始终坚持把塑造高尚的道德品质作为贯穿自身成长的主旋律，不断弘扬航天人的传统美德，充分诠释航天独特的文化。同时，他们的成长遵循着学习成长、实践成才、师承效应、工程牵引和协同攻关等规律，这些规律贯穿于航天科技人才成长的全过程，属于航天五个层次科技人才成长的共性规律。由于航天五个层次科技人才特点各异，又分别具备富有各自特色的成长规律，包括航天特色规律、自我成长规律和组织环境规律，能够明显区分各层次人才成长的特点，并在成长规律及培养方式上具有类型转换、能力提升的梯次关系。

第二章

工程实践 培养骨干

一、航天骨干的人才特征

　　航天骨干是承担航天重大工程任务的主体力量，是航天人才队伍的中坚，是培养造就航天专才、将才、帅才乃至大家的人才基础。他们一般为某一专业的主管师，具有良好的专业知识素养，掌握型号研制的程序、方法和工具；思想开放、善于学习，能够把型号总体的要求与本岗位工作关联思考；团队合作意识强，能够获得组织和同事的信任与支持；敢于面对困难和挑战，能够独立解决工程研制中的具体问题，在工作中能够独挡一面。

　　通过对航天骨干成长案例进行分析，提炼出航天骨干的主要特征（见表2-1）。

表2-1 航天骨干的主要特征

特征维度	特征要素
知识跨度	专业技术知识
	工程管理知识
能力层次	较强的逻辑思维能力
	较强的学习创新能力
	独立解决工程技术问题的能力
思维特点	逻辑思维
	发散思维
品格特质	勤奋刻苦
	严谨细致
	乐于钻研
	善于合作

二、航天骨干的成长规律

通过对航天骨干成长案例进行分析，总结出航天骨干的成长主要体现以下规律。

1. 工程实践是航天骨干成长的基础

年轻员工在参加工作后，一般需要经过3～5年的工程实践锻炼，在参与型号研制的实际工作中，不仅可快速积累知识、提升能力、丰富经验，而且还可以在继承以往知识和技术的基础

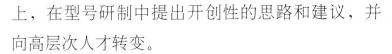

上，在型号研制中提出开创性的思路和建议，并向高层次人才转变。

2．独立解决工程技术问题的能力是航天骨干成长的前提

航天工程是跨领域、多学科集成的系统工程，决定了航天人才必须具备独立解决工程技术问题的能力。年轻员工大多具备良好的专业基础知识，但在工程实践中运用时，往往要面临诸多工程技术的实际问题，这就要求他们必须能够直面技术问题的挑战，在刻苦攻关的同时，不断提升解决工程技术问题的能力，逐步做到独挡一面，成长为航天骨干。

3．有效的知识传承机制是航天骨干成长的保障

人才成长的过程，普遍存在着导师与学生、师傅与徒弟的师承关系。成长为航天骨干也离不开知识传承。知识传承是指学生（徒弟）一方得到导师（师傅）一方的指导、点化，通过知识传承，使前者在继承与创新过程中，少走弯路，达到事半功倍的效果，并形成师徒型人才链，同时也能使年轻员工较快地掌握有关知识和相关技能，快速参与航天科研生产活动，促进人才成长。

三、航天骨干的自我提升关键

航天骨干作为航天科技人才队伍的中坚，是承担航天重大工程任务的主体力量。年轻员工要快速成长为航天骨干，在型号工程研制实践中独挡一面，必须强化专业学习，积累工作经验，注重团队合作，同时，还应注重培养科学求实和严肃认真的工作作风，尽快使自己不仅在技术上接好班，而且在工作作风上接好班。

1. 勤于学习，储备岗位知识

航天科技是一个国家高科技水平和综合国力的重要体现，航天产品的特点决定了航天人必须具备良好的学习能力。只有不断加强学习，才能适应航天科技的迅猛发展。每个人在求学期间所学的知识大多为基本理论，还不能完全适应工作岗位的实际需要。要成长为航天骨干，就必须勤于学习，不仅要学习岗位所需的专业技术知识以及型号研制流程、方法和工具等必备知识，还要善于虚心向他人学习，向一切有工作经验的人学习，不断丰富自身知识，努力增加知识储备，逐步提升知识的广度和

深度，提高专业素养和专业技能。

2．主动实践，积累工程经验

在航天工程领域，人才总是随着型号任务的上马而起步，随着型号任务的发展而发展，随着型号任务的成功而成熟。要成长为航天骨干，就必须有意识、积极主动地参与工程实践和项目研究工作，自觉将所学知识运用于实践，通过实践锻炼，验证、巩固、深化在课堂学习的理论知识，并培养理论联系实际的工作作风；通过实践，增长见识，积累工程经验，提高自身研究分析能力、综合判断能力和解决工程实践复杂问题的能力，加速知识向能力转变。

3．加强协作，注重团队配合

航天工程是多学科集成的系统工程，需要多方面专业人员相互配合来完成，这就要求每个航天人必须具有良好的品德、职业道德、团结协作精神和协力创新的气度，它们是成长为骨干、专才、将才、帅才和大家最基本的要求。要成长为航天骨干，就必须掌握人际沟通的技巧和艺术，善于沟通，增强协同合作意识；工作中，要搞好团结，既要尊重自己，更要尊重他人，善待他人，做到互相理解，互相尊重，能够正确处理个人与集体的关系，充分发挥团队的效能。

勤于学习 加强协作

赵民，1965年11月出生于陕西省西安市，某重点型号总指挥。

他曾深有感触地回忆：当初大学毕业后来到航天系统工作时，对所从事的工作感到十分陌生，缺乏直观印象。为使年轻员工增加锻炼机会，加深对航天的理解，单位领导让他作为发射队员去发射场从事相关工作。在发射场的20多天里，他与有经验的设计人员一起工作，被他们一丝不苟、忘我工作的精神所感染。型号发射时，他被那大气磅礴的场面所震撼，"从那一刻起心里就烙下了深深的印记，对航天事业的热爱油然而生"。自此，他积极参与工程实践，在实践中孜孜不倦地学习，努力工作、刻苦钻研，把所学理论知识充分应用于实践工作中。遇到实际问题时，主动查阅相关资料，虚心向航天前辈请教，不断更新自己的知识库，逐步积累工作经验。

同时，他发现航天的每一个型号均涉及多个技术领域，研制过程需要大量人才参与，共同完成。意识到这一点之后，平时人缘很好的他，更是快速地把这种团结、合作的意识充分体现于工作中，在技术上不断取得实质性和突破性进展。

四、航天骨干的组织培养关键

1. 搭建实践平台，加速人才成长

航天工程是跨领域、多学科集成的系统工程，需要大批高层次优秀科技人才来支撑。进入新世纪以来，集团公司承担着以载人航天、月球探测、新一代运载火箭和高新武器装备等为代表的近百项航天型号工程任务。集团公司始终坚持把这些重大工程任务作为人才施展才华、提升能力的实践平台，不断营造青年人才成长的良好机制与环境，为他们

创造在实践中学习、在工作中锻炼的机会，促其快速成长。

　　针对年轻科技人才专业基础好但缺乏型号研制经验的特点，积极创造机会让其参与工程实践，强化设计、试验规范的学习，参与基础性课题攻关，大力开展科技练兵活动，使其了解研制流程，增加工作阅历，提升知识广度和专业技能。对于表现突出且有潜质的，及时选拔到工程组长、主管师、副主任师等岗位上锻炼，在提升专业能力的同时提升其综合能力。

工程任务　人才成长的平台

　　"星载降水测量雷达"是北京遥测技术研究所于2006年承担的国防科工委"十一五"民用航天重大预研项目，是我国第一个微波主动气象遥感载荷。自承担预研任务起，研究所就成立了以青年人才为主体的项目预研团队。通过5年的艰苦攻关，预研项目取得重大成果，不仅填补了我国在这一重要领域的技术空白，也为后续气象卫星的发展奠定了技术基础。该项目得到国家气象局的正式立项，为集团公司创造了良好的经济效益和社会效益。同时，一批青年人才通过该预研项目的实践得以迅速成长。当时参与预研项目总体方案设计的杨润峰总结道："参与该预研项目的人员中，70%是刚参加工作2～3年的毕业生，自己也刚参加工作3年。工程任务不仅为青年人才的成长搭建了平台，而且也为青年人才提供了很好的展示自我的机会。正是在这些工程实践活动中，一批有才华的青年人才脱颖而出，成长为骨干。"

2. 建立学习型组织，提升专业素质

集团公司以提高员工整体素质和能力为核心，以全员培训为基础，坚持"统筹规划、突出重点、分级负责、分类培训"的原则，构建了集团公司、研究院、厂所三级培训管理体系，明确了各自的职责、分工和工作重点。

坚持培训多领域、多层次和全覆盖，突出因材施教。集团公司将科技人才细分为预研、设计、工艺等12大类，针对不同岗位的特点和要求，明确了各类人员培训的重点内容、具体要求和培训时限。

特别规定对于航天科技专业人才，每两年必须参加累计不少于80学时的脱产培训。

在培训内容上，突出新理论、新知识、新技术和新方法，通过聘请院士、知名学者以及外国专家讲学，与重点高校联合培养研究生等方式，加快科技人才知识结构更新的速度和知识补充的频率。根据不同岗位对员工素质、能力和知识的需求，将系统化与个性化培训相结合，促进人才全面成长。

努力构建学习型组织

北京微电子技术研究所FPGA团队创建于2002年，是一支专业从事宇航用FPGA研制、年轻且充满战斗力和凝聚力的团队。

自团队成立之初，即着眼于提升我国宇航用FPGA产品自主保障能力，确立了"建成以技术创新为核心的一流学习型团队"的奋斗目标。工作中，该团队紧密围绕FPGA设计、封装、测试、抗辐射加固和软件开发等不同专业技术岗位实际，建立了精细化的学习路线，并积极搭建学习平台，不断探寻最适合团队的学习方式，形成了

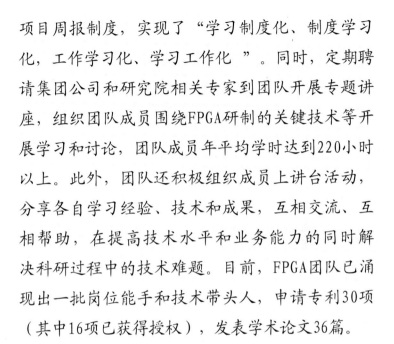

项目周报制度，实现了"学习制度化、制度学习化，工作学习化、学习工作化"。同时，定期聘请集团公司和研究院相关专家到团队开展专题讲座，组织团队成员围绕FPGA研制的关键技术等开展学习和讨论，团队成员年平均学时达到220小时以上。此外，团队还积极组织成员上讲台活动，分享各自学习经验、技术和成果，互相交流、互相帮助，在提高技术水平和业务能力的同时解决科研过程中的技术难题。目前，FPGA团队已涌现出一批岗位能手和技术带头人，申请专利30项（其中16项已获得授权），发表学术论文36篇。

3. 坚持传帮带机制，传承科学作风

集团公司十分注重把优秀传统文化与先进科研规律结合起来，坚持实行"导师制"，发挥院士和专家群体的带动作用，组织专家深入科研一线，利用他们丰富的经验、渊博的知识，通过技术研讨、专业培训、集智攻关等方式，传授工程实践经验，帮助新一代航天人了解型号研制流程、岗位工作规范和质量技术要求，掌握分析和解决复杂技术问题

的思路和方法，指导新一代航天人探索攻关路径，创新研究思路。不断强化科学作风建设，大力实施航天科学作风培养工程，把科学作风培养和航天工程经验传承融入到科研生产的全过程，培养科技人员求真务实的科学态度、严慎细实的工作作风和谦虚合作的协同风格，使新一代航天人不仅在技术上接好班，而且在作风上接好班。

集团公司注重发挥思想政治工作优势，做好思想指导、文化引导和心理疏导，尊重人才，关心人才，爱护人才，坚持把航天（传统）精神、"两弹一星"精神和载人航天精神作为鼓励和引导人才成长的核心价值理念，以重大纪念日为契机，开展思想引导和文化传承工作，组织员工学习老一辈航天人为航天事业奉献青春、甚至生命的可歌可泣事迹，以激发广大员工热爱祖国、奉献航天的激情。

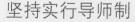

坚持实行导师制

新员工好比是一张白纸，培养人才好比是画一幅画，这幅画好看不好看，如何构图和起笔很重要。北京宇航系统工程研究所十分注重对新员工研究设计能力的培养和航天文化的熏陶。

研究所继承并发扬了传帮带的良好传统，聘请所、室领导和技术专家担任新员工指导老师，组织专家编写《设计师手册》、《作业指导书》等教材，针对型号研制流程与特点开展系列技术讲座，强化岗位应知应会知识和设计经验的学习，定期对新员工学习情况进行考核；出师前，还必须通过专业知识考试和综合能力答辩。这些措施不仅增强了"师带徒"的效果，更为重要的是使年轻设计人员得以迅速成长，很多年轻人2～3年就能成长为独挡一面的业务骨干。

同时，研究所用底蕴丰厚、特色鲜明的企业文化诠释航天精神，提出了"大局、系统、严谨、争先、包容"的核心价值理念，聘请院士、型号总师、老专家讲授航天历史和传统，宣扬航天文化，传承总体使命。在航天精神和企业文化的感召下，年轻员工形成了踏实工作、无私奉献、爱岗敬业的工作作风，为个人的快速成长奠定了基础。

大力培养科学作风

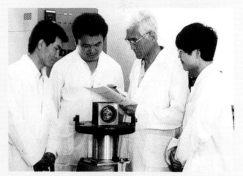

2005年，在陆元九院士的积极倡导下，集团公司充分发挥老一代专家群体在科研作风、专业技术和工程经验等方面的"传帮带"作用，大力实施航天人才科学作风培养工程，努力构建型号科技人才培养的长效机制。

作为集团公司实施航天人才科学作风培养工程的试点单位，北京航天时代光电有限公司结合型号研制工程实际，采用"航天工程课题组＋Seminar（研讨会）"的人才培养模式，从基层

班组的研究课题入手，让刚参加工作的应届毕业生参与到课题研究中，为年轻人提供开放、平等、宽松、主动的互动式学习交流环境，并组织开展技术讨论和聘请专家顾问进行指导，在实践工作中培养他们发现问题、解决问题的能力，指导和培养年轻科技人员快速成长。经过持续培养，这些参与课题研究的人员在专业技术水平和科学思维方式上都有了显著提高，目前已成长为骨干人才。

4．实施科学管理，注重知识积累

系统工程管理是航天管理的特色，系统工程管理经验也是航天人的宝贵财富。集团公司坚持成功是硬道理，在工程实践中全面实施矩阵管理和项目管理，形成了科学严密的组织管理体系，建立了严格的质量管理体系。

集团公司积极采取系统工程管理方法，运用现代化手段建立航天器数字化协同工作平台，通过知识管理平台，把最先进的工具、型号的历史数据和各个专业的研究成果综合集成，把各个型号所取得的实践经验和发现的问题及时总结归纳，将前人的实践经验变成标准、化为财富，实现知识和经验的有效积累和共享，使之成为加速人才成长的有效工具，促使人才快速成长。

强化质量体系建设

质量是航天永恒的主题。20世纪60年代，中国航天将周恩来总理提出的"严肃认真、周到细致、稳妥可靠、万无一失"十六字方针作为型号质量管理标准，不断总结航天型号的成功经验和失败教训，并与时俱进，不断创新和完善质量管理理念；20世纪90年代又提出了"72条"、"28条"和"不带问题上天"以及"质量问题归零双五条"等科研生产和质量管理办法；进入21世纪，又提出了"零缺陷"和"零故障"要求，推进航天型

号质量精细化管理，并全面、系统地开展质量体系建设，激发了员工改进质量的积极性和创造性，在提高员工责任心的同时，培养他们"严、慎、细、实"的工作作风。

构建数字化协同设计平台

为提高年轻科技人员的系统设计能力，北京空间飞行器总体设计部大力建设数字化协同设计平台，将系统工程理论、设计规范和老专家设计经验进行固化，并融入知识工程理念，规范设计活动和设计要素，对现有的各专业设计分析工具和系统进行封装、集成和统一调用，实现型号研制协同方式从"结果协同"到"过程协同"的飞跃。

新员工进入设计部后，即可根据岗位设计流程开展工作，并在每个流程节点可查看该设计活动对应的业务描述、流程示意图、设计标准、设计禁忌、经验教训、文件图纸范文等，同时还可查看以前设计师设计全过程的工作演示。从而使新员工迅速学习并掌握岗位技能，在系统工程的指导下开展设计工作，使员工创新变为高起点、规范化的创新。该平台现已运用在第二代北斗导航系统等多个型号设计中，对年轻员工的成长起到了十分重要的促进作用。

1999年以来，集团公司共接收3万余名高校毕业生，其中博士研究生1600多名，硕士研究生1.3万余名，大学本科生1.3万余名。通过航天工程任务的实践锻炼，年轻的科技人才得以快速成长。集团公司现有科技人才队伍中，正副主任师和主管师共计9600多人，其中35岁以下的超过70%。美国航空航天局前局长迈克尔·格里芬曾经感慨地说：中国航天取得了长足的进步，但是，我们认为最可怕的不是所取得的成就，而是现在领军和主导中国航天的这些人太年轻了，他们会工作很多年，会创造很多骄人的业绩。

长期积累 培养专才

一、航天专才的人才特征

航天专才一般为某专业领域的技术带头人，具有较深的技术造诣，参与过多个型号的研制，能够创造性地解决专业领域重大共性技术难题，引领专业技术的发展方向。他们天赋较高，思维严谨细致，在专业领域具有举一反三的能力，挚爱所从事的专业。

通过对航天专才成长案例进行分析，提炼出航天专才的主要特征（见表3-1）。航天专才大多是从航天骨干成长起来的，其人才特征既涵盖了航天骨干的人才特征，又在能力、思维等特点上有了更进一步的提高。这一群体甘于寂寞，潜心钻研，是推动航天科技创新的重要力量。

表3-1 航天专才的主要特征

特征维度	特征要素
知识跨度	深厚的本专业领域技术知识
能力层次	逻辑思维能力
	学习创新能力
	视角敏锐独特
思维特点	类比思维
	多元思维
品格特质	专注执着
	甘于寂寞
	精益求精

按照人才特征及客观因素的不同，航天专才的成长路径分为两种，一是对那些专业技术追求执着专注、精于钻研，但性格相对内向、甘于寂寞的人才，鼓励他们在专业上向纵深发展，成为更高层次

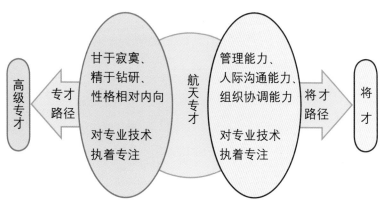

图3-1 航天专才成长路径

上的专才；二是对那些不仅具有较强的专业能力，而且具有较强组织协调能力的人才，可向将才方向发展。航天专才成长路径如图3-1所示。

二、航天专才的成长规律

通过对航天专才成长案例进行分析，总结出航天专才的成长主要体现以下规律。

1. 长期积累是航天专才成长的根本

航天技术的每项重大进展和突破都需要付出巨大的努力。航天专才一般需要经历10～15年潜心专注于专业领域的研究，经过长期艰苦努力的工作，积累知识和经验，才能在专业上有所建树。航天专才成长需要甘于寂寞，忠于航天使命，瞄准航天科技前沿，始终弘扬求真务实的科学精神，潜心钻研于孤寂的科学王国，不断在实践中积累和探索，逐步实现关键技术创新。

2. 持之以恒是航天专才成长的关键

航天专才必须有明确的奋斗目标，且持之以恒，凭着坚强的意志，通过自身不懈的努力，克服各种困难和障碍，不为物质利益诱惑所动，朝着目标前进，并乐在其中。20世纪90年代，有一批原本潜质很好的同志，由于种种原因跳槽到其他单位。事实证明，当年那些频繁跳槽的人，在专业上很难有所成就。而那些真正沉淀下来、耐得住寂寞的科研人员，今天不少已成为某一领域、某一方面的专家。

3. 合理的人才发展通道是航天专才成长的保障

航天专才的成长通常需要组织多方面的支撑，包括通畅的发展通道、良好的交流平台。集团公司充分尊重专才个人成长意愿，鼓励专才选择最佳晋升路径；随时关注专业技术发展动态，为专才搭建学习和交流平台，引导专才立足专业发展，鼓励创新，及时激励创新成果，充分调动专才从事科研的积极性，为航天专才的成长提供保障。

三、航天专才的自我提升关键

作为航天专业技术的学术带头人，航天专才必须在某一专业领域具有较深的技术造诣，能够解决本专业领域的重大共性技术难题，引领专业技术发展方向，还应具有淡泊名利、默默奉献的崇高品质，不计名利得失，甘于默默耕耘，舍小我为大我，舍小家为大家，扎扎实实干工作，默默无闻作贡献。

1. 潜心钻研，执着专业研究

航天科技是当今世界最前沿、最尖端的科技领域之一，集众多高新技术于一体。要成长为航天专才，必须热爱航天事业，挚爱所从事的专业，要甘于寂寞，能够全身心投入专业技术领域，触发和捕捉灵感，通过攻克技术难题感受和提升自我价值，并以此进行自我激励，不断成长；要有系统思维，着眼于航天技术的发展和型号研制的实际，充分继承前人经验，汲取教训，综合考虑总体、分系统及单机的匹配性和工艺、生产等的可实现性，认真钻研，提升自身关键技术攻关能力，不断积累技术经验。

2. 敢为人先，引领技术发展

航天技术的发展日新月异，要成长为航天专才，必须在熟练掌握本专业技术的基础上，能够做到敢想敢为、勇于攀登、敢于超越，并善于发现问题，结合工程实际大胆创新，勇于提出自己的观点和见解，做到"博观而约取，厚积而薄发"，突破关键技术；必须加强对前沿技术的学习和研究，时刻关注专业发展的最新趋势，能够将最新的设计理念、方法和工具引入并运用到专业研究工作中来，推动本专业跨越式发展，乃至开拓出新的专业领域，切实担负起引领专业技术发展的重任。

执着研究　不懈前行

吴宏鑫，1939年出生于江苏省丹徒县，中国科学院院士，航天控制理论与控制工程专家。

他是航天专才的典型代表。1965年从清华大学毕业后，分配到中国科学院自动化研究所工作，1968年到北京航天控制研究所工作。几十年来，吴宏鑫主要从事航天和工业领域的自

适应控制和智能控制理论与应用研究，提出了"全系数自适应控制理论和方法"。

"文革"期间，由于受到冲击，他利用难

得的清静自学了英语和日语，学习了现代控制理论和计算机控制等新知识。平反后，他利用当时"空间环境模拟器控制系统"工程任务的机会，选择了自适应控制这一国内无人涉足的新领域。当时，从事这项工作需要做好两个心理准备：一是至少要坐10年冷板凳；二是自适应控制暂时不会得到足够认同，但这方面的研究是未来航天控制的发展方向。就这样，他踏上了自适应控制的研究之路，成为航天队伍中研究领域相当独特的"冷板凳"学者。

他针对参数未知、缓慢变化的情况，提出了"全系数自适应控制方法"。1984年，他的"系数之和等于1的全系数自适应控制工程设计新方法及应用"成果获国家发明奖，这在当时航天青年科技人员中还不多见。在此后20多年的研究与应用中，他不断完善其理论体系，完成了专著《全系数自适应控制理论及其应用》，形成了一套完整的自适应控制理论和方法，并在航天与工业过程控制中得到了广泛应用。

他认为"院士"这两个字更应该是一种精

神、一种鼓励，他说："后面的路还很长，'掌控无限，研究无涯'这八个字将激励我在专业上不懈地继续前行。"

四、航天专才的组织培养关键

1. 畅通发展通道，立足专业发展

为鼓励科技人才在学术上发展、在技术上进步，立足岗位成才，集团公司在原有专业技术职务序列的基础上，根据型号研制和技术创新等工作的特点，针对设计、工艺、研发等不同技术岗位，设立了主管师、正副主任师、正副总师和正副总指挥等7个职务序列，把合适的科技人员放到适合的岗位去锻炼、成长，使科技人才能够沿着各自业务通道发展。

根据航天技术的发展需求，集团公司细分出27个航天主体专业，建立了由国家级专家、集团公司学术技术带头人、院（厂所）级专家组成的专家队伍，明确了相应的选拔、培养、使用要求，建立了动态调整和退出机制，逐步搭建起专才成长进步的阶梯。

同时，集团公司还建立了突出科技人才岗位价值和能力业绩、具有市场竞争力的收入分配机制，通过绩效评定、薪酬待遇倾斜等方式，引导科技人员钻研技术，争当专家。建立了特殊人才津贴，并向一线科技人才倾斜，吸引和稳定了大批科技人才。

潜心钻研　成就专才

　　余梦伦，1936年11月出生于上海市，中国科学院院士，我国弹道式导弹和运载火箭弹道设计的开创者和学术带头人之一，航天飞行力学和火箭弹道设计著名专家，全国劳动模范。

　　他是航天专才的典型代表。1960年从北京大学数学力学系毕业后，到国防部第五研究院工作。50年来，他一直从事弹道工程设计，突破了各类导弹及运载火箭弹道设计等一系列工程难题，为我国导弹

飞行从近程到洲际，运载火箭飞行从低轨道、地球同步轨道到地月转移轨道的技术跃升奠定了坚实的基础。

作为一名在弹道设计领域出类拔萃的专家，他担任过的最高行政职务仅为工程组长。正因为长期潜心一线、埋头钻研，才成就了今天的余梦伦院士。他所在的班组被命名为"余梦伦班组"，成为全国首个以个人名字命名的高科技创新型班组。

余梦伦院士经常讲：自己能够以实际工作为中国航天事业贡献一份力量，主要是由于中国航天这片沃土为自己成长提供了丰厚的营养，良好的工作环境让自己全身心地投入到科研工作中，单位浓厚的学术氛围使自己与同事共同努力解决难题。

他用28个字归纳自己长久以来的工作准则：掌握外语、精通电脑、弄懂概念、捕捉灵感、勤记笔记、埋头苦干、自得其乐。

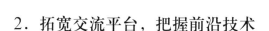

2．拓宽交流平台，把握前沿技术

着眼于航天技术的前瞻性和先进性，集团公司坚持将"请进来"和"走出去"相结合、"借脑聚力"与"借才发展"相结合，积极搭建内外部学术、技术交流平台，大力选派科技骨干参加学术技术交流活动，交流学术技术经验，研讨航天技术发展的途径与措施，跟踪专业技术发展前沿方向；谋划专业发展之路，加强专业技术体系建设，成立科研攻关小组和产品创新团队，深入开展关键技术攻关，着力解决科研生产中遇到的瓶颈问题；积极选送大批青年科技骨干到美国、俄罗斯等国家或国际空间大学培训深造，学习先进技术和管理经验，邀请外国专家来华开展技术交流、合作研究等，拓宽了科技人才交流平台，增强了科技人才参与国际合作、把握技术前沿发展方向的能力，提高了技术研发和创新能力。

学术交流 拓宽专业视野

李得天，1966
年6月出生于甘肃省
白银市，现任兰州
空间技术物理研究
所副所长，中国真
空学会质谱分析与
检漏专业委员会副主任。

他在回忆自身成才之路时，意味深长地说
道：科学研究一定要站在巨人肩膀上，要充分利
用和借鉴前人的研究成果。工作中，他多次应邀
并受组织选派赴美、英等国参加国际学术会议和
进行技术交流，并在国际性学术会议上作特邀报
告，或担任会议主席主持相关的学术交流与讨
论，2001～2002年还以客座科学家的身份赴德国
联邦物理技术研究院（PTB）开展合作研究。这
些经历，不仅拓宽了他在专业领域的视野，使他
能够时刻紧跟专业技术的发展前沿，更为重要的
是避免了从事重复性工作，提高了创新效能。

出国培训 跟踪前沿技术

为紧密跟踪载人航天技术发展趋势，学习、掌握载人航天的先进理念和知识，破解我国载人航天二期工程关键技术难题，缩短与欧美发达国家的技术差距，中国空间技术研究院与英国曼彻斯特大学、卢瑟福实验室等高等院校、研究机构通力合作，积极选派载人航天科技骨干前往英国开展专业技术培训，培训领域包括机械与宇航工程、电子工程、材料工程、计算机科学等。授课全部以英语教学，并针对工程实施过程中遇到的实际问题开展研究实践。通过培训，使载人航天科技骨干有效地拓宽了视野，了解了专业技术发展趋势，同时也提升了专业技术水平和国际化能力。培训结束后，研究院还将培训学员的学习资料或研究成果进行共享，以扩大培训的覆盖面。

3．发扬技术民主，营造学术氛围

集团公司积极倡导技术民主，努力营造宽松、平等、自由的学术氛围，在学术面前不论职位、不分资历、不讲辈分，人人平等，充分发掘科技人才的潜能，提升科技人才的研究能力、设计能力和创新能力。

在工作中，集团公司通过多种形式，在相同、相近、相关专业领域的科技人员之间开展技术交流与合作，在相互学习和交流中激发新思想，在广泛讨论和争论中探讨新途径。在选择确定研究课题、技术途径、设计方案等问题上，打破型号设计与工艺、总体与分系统、各单位之间以及不同专业领域之间的界限，组织相关专业领域的科技人员一起讨论，广泛听取各方面的意见。同时，遵循科学研究和技术发展规律，在型号研制遇到挫折时，对科技人才给予更多的鼓励和安慰，保护他们的创新激情和创造活力，鼓励他们从失败中吸取教训，锻炼成长。

"小"人物解决"大"问题

在航天动力技术研究院研制的某型号工程中，由于关键原材料批次更换，导致型号关键性能出现明显异常，严重影响了研制进度和产品质量。吴书锋是一名普通技术人员，他积极查阅国内外相关资料，充分借鉴成功经验，敢于挑战"权威"，针对存在的问题提出了具体解决方案，并建议对目前工艺路线进行适当调整。他提出的方案经专家组论证后得到认可，并进行了工艺试验验证，证明可行有效。随后，专家组将验证结果上报型号"两总"，型号"两总"同意采纳解决方案并调整工艺路线。目前，采用新工艺路线研制的型号产品，性能满足设计指标要求，并已成功经过十多次的地面试车考核，保证了该型号的研制进程。

跨领域合作 解决技术难题

为攻克某重点型号的关键技术，中国运载火箭技术研究院某型号研制队伍在深挖机理、刻苦攻关的同时，主动与清华大学、哈尔滨工业大学、中国航天空气动力技术研究院、中科院力学所等单位成立联合攻关研究组，汇集专业优势力量，以专题研讨、调研交流、复核复算等方式探讨问题机理，严把技术关，以求彻底突破瓶颈。还先后召开十余次技术专题研讨会，邀请国内数十名知名专家学者共同分析研究结果，充分发扬民主，广泛听取意见，通过与会专家的讨论分析，以及各单位论证结果的相互验证，最终确定了该型号的相关设计参数，突破了该型号研制中的部分关键技术。通过跨领域的合作，发扬技术民主、集智攻关，也对专业技术人员开拓设计思路、提升设计能力起到了积极的促进作用。

4. 加大创新投入，攻克技术难关

专业技术发展离不开科研条件保障和资金支持，集团公司不断加大投入，通过设立创新基金、加强重点实验室建设与产学研合作等方式为专才成才创造条件。

为满足航天技术发展需要，集团公司每年投入近20亿元用于技术研发和科技创新活动，集中优势资源和人力资源，开展航天核心技术研究，加大对影响型号成败的关键技术的攻关和对影响产品性能的重要环节的投入；现已建成10个国家级工程技术中心、30个重点专业研发中心、12个国防科技重点实验室、1个国家工程实验室和13个国防科技创新团队；积极与清华大学、上海交通大学、哈尔滨工业大学等30多所知名高校

10个国家级工程技术中心

12个国防科技重点实验室

13个国防科技创新团队

开展产学研合作，借助高校的人才优势和学科优势搭建开放式技术创新平台，开展应用基础和前沿技术研究。依托航天技术发展，带动了一批高层次科技人才的成长。

　　集团公司每年拿出400万元作为航天青年人才

技术创新基金，鼓励和支持青年科技人才积极承担技术创新项目。充分发挥青年技术骨干的专业特长，有针对性地安排他们参加预先研究和关键技术攻关，参与解决型号研制过程中重大技术瓶颈问题和固化型号技术状态、产品定型和制定标准规范等，让他们啃"硬骨头"，并接受理论性强、专业难度大的技术挑战，使他们在开展技术创新项目研究、突破技术难题的同时，拓展研究设计思路，提升技术能力和创新能力。

积极创造条件 促进人才成长

李仲平，1964年8月出生于湖北省安陆市，现任航天材料及工艺研究所副所长，功能性碳纤维复合材料国家工程实验室主任，国家重大科技工程材料分中心主任。

他从一名普通技术人员成长为航天材料领域专家，

既得益于个人的勤学不辍和刻苦钻研，更得益于研究院和研究所对青年科技人才在研究课题和工作条件等方面的大力支持。参加工作后不久，他凭着对专业的敏锐和执着，以及超乎常人的钻研劲和不服输的精神，很快从年轻人中脱颖而出，被选定参与到航天材料领域某重点课题的研究。作为课题组最年轻的成员，他凭借扎实的专业功底和良好的技术把握力，在技术上提出了不少独到的见解，经过课题组的共同努力，圆满完成了课题研究，研究成果达到了国际前沿水平。之后，他相继承担了重大工程方案研究和先进功能复合材料技术发展规划与平台建设论证等工作。在上述工作中，无论是在关键技术领域发展方向的把握上，还是在未来自主研制关键材料的选取上，他以其出色的专业学识得到了所内专家及领导的高度认可。他担任研究所副总工程师时，年仅32岁。

　　作为国防973计划某项目首席专家，研究所为其创造了良好的科研条件和管理保障，配备了梯次合理和专业齐备的研究团队，提供了充足的资金保障。他带领研究团队，解决了数项航天材料领域的共性基础问题，实现了航天材料多项机理、方法和技术的突破，大幅度提升了我国航天材料领域的研制与创新能力。同时，他还担任多个航天型号材料研究项目负责人，带领团队开展关键技术攻关，突破了多项工程应用关键技术。

第四章

一专多能 培育将才

一、航天将才的人才特征

　　航天将才一般为某一专业领域的专家，在工程研制中为型号总指挥或总设计师；对相关专业技术领域的知识有很深入的了解，在航天工程管理的理论与实践方面有独到的见解；具有较强的技术协调能力和组织管理能力；具有技术和管理交融的思维模式，注重系统整合，对型号研制规律有较强的理解，能够把握技术关键，识别和控制技术风险，实施精细化管理；知人善任，善于凝聚队伍，具有较高的领导艺术。

　　通过对航天将才成长案例进行分析，提炼出航天将才的主要特征（见表4-1）。航天将才一般来自于航天专才，是航天科技人才队伍中的领军人物，直接

表4-1 航天将才的主要特征

特征维度	特征要素
知识跨度	多领域专业技术知识
	系统工程管理知识
能力层次	组织协调
	知人善任
	敢于决策
	一专多能
思维特点	立体思维
	前瞻思维
品格特质	抗压力强
	顽强坚毅
	开拓进取

指挥型号的研制，攻克难关，解决重大问题，实现技术跨越，肩负着率领研制团队实现技术创新目标和完成型号研制任务的重任，承受着巨大的心理压力。因此，他们不仅需要具备优秀的专才特征，还必须具备良好的心理素质及较强的综合管理能力。

相对专才而言，将才属于复合型人才，其突出特点是一专多能，这类人才既是技术专家，又是管理专家，是典型的素质全面的专家型领军人才，其特点可以用大写字母"H"形象展示（见图4-1）。

图4-1 航天将才"H"型人才特征示意图

二、航天将才的成长规律

通过对航天将才成长案例进行分析，总结出航天将才的成长主要体现以下规律。

1. 一专多能是航天将才成长的先决条件

航天将才不仅具备高超的技术水准，而且具备超凡的管理能力。他们大都具备良好的专业技术素养，有着清晰准确的自我定位，把握自身专业领域发展趋势，知道如何发挥自身特长，不断实现自我突破；作为型号"两总"，他们必须具备优秀的领导才能，具有卓越的指挥决策能力、团队建设能力、系统协同能力，这些能力需要在成长锻炼中逐渐塑造出来。

2. 多岗锻炼是航天将才成长的必备要素

航天将才一般都要经历多个技术岗位的长期锻

炼，才能逐步成长。通常，在型号主任师、研究室主任等岗位上经过3～5年的锻炼后，其中的优秀者才能成长为负责某一分系统的副总师，再经过3～5年的实践锻炼后，其中具有较高组织领导能力、能够从总体上把握型号研制和技术发展大局者，最终才能成长为总师或总指挥。这种多岗位锻炼成为将才成长的必备要素，促使将才们不断挑战自我，不断追求进步，逐步从基层的"兵"成长为运筹帷幄的"将"。

3. 良好的人才选用机制是航天将才成长的保障

航天将才的成长离不开组织环境的支持，良好的人才选用机制是航天将才成长的保障。集团公司多型号并举，不拘一格选用人才，为将才的成长提供了广阔空间。航天型号的工程特点，集团公司团结协作、提倡创新的文化氛围，以及各级组织的精心选拔、使用，为将才的成长提供了保障。尤其对于发展潜力大的人才，敢于打破人才选用常规，委以重任，提供充分施展才华的机会，为将才的成长创造了有利条件。

三、航天将才的自我提升关键

"能领兵者，谓之将也"。航天技术是国际上最前沿、最尖端的技术领域之一，技术密集度高，跨越诸多学科和专业领域。航天型号任务协作单位广泛，参与人员众多，不仅需要技术精湛的专才，更需要善于组织协调和指挥决策的将才。作为航天将才，应注重精神和文化的修炼，努力提高自身修养水平，要有博大的胸怀，在急难险重任务面前要敢于决策，勇于承担责任，做到办事公道、决策公平。

1．全面学习，掌握跨专业知识

按照航天型号研制特点，航天将才从技术上和管理上全面负责型号研制，肩负着率领研制团队实现技术创新目标和完成型号研制任务的重担。他们不仅是某一专业领域的专家，而且对航天系统工程管理思想与工程实践有着深刻的理解。要成长为航天将才，必须在精通本专业技术知识的基础上，能够突破专业局限，深入研制一线，结合型号实际，虚心学习，努力掌握与型号研制相关的专业知识，准确把握型号研制的关键技术。更为重要的是，必须加强管理知识的学习，熟练掌握并运用项目管理和团队管理知识，在型号管理实践中不断拓展知识，积累经验。

2．开拓进取，提升多方面能力

航天型号工程产研结合紧，协作配套多，质量要求高。这就要求航天将才不仅具有扎实的专业技术功底，还要具有出色的综合协调和指挥决策能力。要成长为航天将才，就必须持续提升多专业技术掌控能力，在型号科研生产管理实践中不断提高判断力、决策力和领导力；必须注重对航天型号任务的顶层策划，善于总结归纳，结合型号研制工作实际，举一反三，在工程实践中提炼和运用规律，指导科研工作；要有大局观念，能够站在航天事业发展的高度，结合航天型号研制工作，积极推动专业技术发展；要熟练掌握协调、沟通与管理技巧，注重人才培养和队伍作风建设，知人善任，做到公平公正，营造良好的团队工作氛围，在关键时刻勇于担当。

全面学习 提升能力

岑拯，1964年12月
出生于湖北省浠水县，
现任长征三号甲系列运
载火箭总指挥。

1989年，岑拯从
北京航空航天大学毕
业后，来到中国运载火箭技术研究院从事长征三
号甲运载火箭的空气动力和热设计工作，2004年任
长征三号甲系列运载火箭总指挥。当时他深感责任
重大，他在精通本专业技术知识的同时，还学习其
他专业技术知识，吃透关键技术，提升型号技术水
平。同时，他还自学管理知识，优化自身知识结
构，积极与其他型号"两总"交流型号管理经验，
提升管理协调水平。

他善于见微知著，在型号管理全过程中及时
归纳总结经验。在执行某次发射任务前，他意外
地发现：发动机的伺服机构工作不正常。这一发
现让他和同事们的心一下子提了起来，因为距离

发射仅有20多天时间，如果不能迅速查明原因，发射就会被推迟。他积极投入到解决问题之中，冷静地做出判断与决策，带领型号队伍披星戴月地开展测试、试验，查找问题根源。排查工作从源头做起，细究每一个可能存在的问题，最终将问题锁定在伺服机构的油管上：由于当时是1月份，天气太冷，致使伺服机构的油管被冻住了！问题解决了。在回忆那段往事时，他感慨地说："作为总指挥，在遇到问题时，要考虑的不仅仅是解决这个问题的办法，更多的是要有全局观、大局观。"

四、航天将才的组织培养关键

1．大胆使用，重点培养

集团公司坚持把实施国家重大科技项目和开展前沿技术研究作为锤炼科技人才的熔炉，以工程项目为牵引，以型号研制为平台，注重在工程实践中识别和发现人才、培育和造就人才。按照工程和型号每推进一个阶段，人才就要跟进一批、储备一批的思路，实施人才接力计划，有目的、有意识地大胆选拔德才兼备、专业技术水平突出的科技人才参加重大工程和重点型号研制，并赋予他们相应的责任和使命，让他们有机会经历完整的研制周期，充分了解不同研制阶段的技术关键，经受全面的锻炼和考验，在实践中成长。

对于选拔到关键岗位的科技人才，集团公司积极为他们创造机会，如承担多专业领域的工作、担任科技领军人才的助手等，不断提升他们的判断力、决策力、领导力和控制力，不断提升他们对系统工程的认识、对复杂大系统管理的把握和掌控能力，以及运筹帷幄、谋划未来的能力。对于政治素质高、专业技术及综合能力强、工作业绩突出、发展潜力大的人才，敢于打破年龄和资历限制，及时把他们推举到总指挥和总师的岗位，扶上马，送一程，通过加任务、压担子，促进他们快速成长。目前，集团公司300多名型号"两总"的平均年龄不到45岁。

重点培养　快速成长

孙泽洲，1970年11月出生于辽宁省沈阳市，嫦娥三号卫星总设计师。

1992年，孙泽洲从南京航空航天大学电子工程专业毕业后，分配到中国空间技术研究院工作，先后参与资源一号、资源二号和实践五号等多颗卫星的总体研制。由于技术能力出众，2002年，他被组织选派参与绕月探测工程前期论证，并负责星载测控分系统论证。约38万千米的地月距离，星地无线电信号严重衰减，对星载测控分系统的研制构成重大挑战。他积极向专家请教，击败了一个又一个"拦路虎"，使论证得以顺利进行。论证后期，鉴于论证工作向工程层面转化，他及时调整工作思路，重点关注工程中各系统间的接口问题，保证了论证工作的有效平稳进行。论证工作的全程参与，不仅提升了他的专业技术水平，更锻炼了他的沟通协调能力。

2003年，嫦娥一号卫星工程方案基本确定后，组织安排他协助总设计师负责卫星总体技术

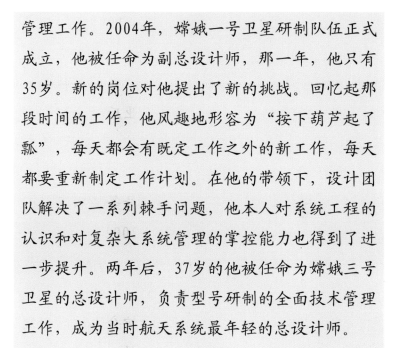

管理工作。2004年，嫦娥一号卫星研制队伍正式成立，他被任命为副总设计师，那一年，他只有35岁。新的岗位对他提出了新的挑战。回忆起那段时间的工作，他风趣地形容为"按下葫芦起了瓢"，每天都会有既定工作之外的新工作，每天都要重新制定工作计划。在他的带领下，设计团队解决了一系列棘手问题，他本人对系统工程的认识和对复杂大系统管理的掌控能力也得到了进一步提升。两年后，37岁的他被任命为嫦娥三号卫星的总设计师，负责型号研制的全面技术管理工作，成为当时航天系统最年轻的总设计师。

2. 多岗锻炼，丰富阅历

对于将才苗子，集团公司注重在工程实践中加强多岗锻炼，通过加大型号之间、型号总体和分系统之间、各单位之间骨干人才的交流力度，使他们系统全面地了解总体、分系统、单机等多岗位的要求，熟悉各系统的接口关系和技术关键，促其丰富阅历，拓宽视野，增强他们的多领域技术把握能力，提高他们的组织管理、科学决策及沟通协调能力；积极推进型号"两总"后备队伍建设，根据重点培养对象的个人特点、知识结构、工作经历等进行有针对性的培养、锻炼。充分授权，适时压担子，为优秀科技人才创造提升决策能力、组织协调能力和把握大局能力的机会，并通过轮岗锻炼、挂职学习等多种形式，使他们得到全方位的锻炼，提升统筹兼顾、把握全局的能力，快速成长为独挡一面的领军人才。

集团公司将型号"两总"培训作为重中之重，明确规定"两总"人员在任职一年内必须参加一次集团公司组织的岗位培训，以后每三年必须参加一次轮训；组织编写了《两总工作指南》等培训教材，将实践经验提炼转化为理论知识，为技术传承奠定基础；聘请具有丰富经验的型号"两总"和领域专家，讲授型号研制的专业知识。通过老一辈领军人才的言传身教及现场交流、团队学习等形式，培养型号"两总"系统思考、统筹兼顾、包容大度、大力协同的理念和思维方法，提高型号"两总"项目管理、质量控制和团队领导等方面的能力。

多岗锻炼 成就将才

毕作滨，1941年7月出生于辽宁省大连市，某重点型号总指挥。

1965年，毕作滨从大连工学院毕业后，进入七机部七院工作，后调入中国运载火箭技术研究院。他从事专业技术工作22年，先后担任研究室副主任、主任6年，担任综合计划处处长1年，担任研究所副所长7年，期间参与4个型号的研制。工作中，他善于学习，善于思考，善于总结，多岗位、多型号的锻炼，使他具有深厚扎实的导弹控制技术功底和良好的组织管理与沟通协调能力，并对型号研制有了深刻理解。组织发现并看重他过人的综合实力，将其提拔为某型号总指挥，后又兼任该型号总设计师。针对型号系统组成复杂、指标要求高、研制难度大的特点，他确定了适合我国国情的研制思路，组织型号队伍采用了大量新技术、新材料和新工艺，采取吃透技术、严格控制技术状态、设计复核复算、质量问题彻底归零等措施，不仅缩短了研制周期，节省了研制经费，还创造了某重点型号"首飞成功、发发成功"的佳绩。

2009年4月，研究院某型号飞行试验失利，全院型号研制工作面临着严峻的形势。当时，他负责研制的型号即将进行飞行试验，面临着"只能成功、不能失败"的巨大压力。他凭借丰富的型号研制及管理经验，带领型号队伍，统一工作思路，把要求细化到措施，层层分解，一直细化到具体岗位的每一项工作并狠抓落实，重点针对薄弱环节进行反复试验，不放过任何一个质量隐患。功夫不负有心人，该型号飞行试验获得圆满成功，一举扭转了全院型号研制的被动局面。

近年来，他经常受邀为集团公司年轻型号"两总"讲课，他将自己几十年来的型号研制及管理经验毫无保留地与大家分享，特别注重对年轻型号"两总"管理理念及思维方式的点拨和启发，使他们受益匪浅。

3．严格要求，全面发展

航天任务的成败关系到国防安危，关系到国家形象。集团公司坚持成功是硬道理，对将才既放手使用，又严格要求。为强化型号"两总"履职的责任意识，确保型号成功，集团公司建立了科学的考核评价机制，并不断创新和完善型号"两总"考核思路和方法。集团公司及各院每年向型号"两总"颁发责任令，把型号任务完成情况、技术发展情况、个人岗位贡献情况作为考核评价的重要内容。实行型号任务完成情况量化考核与履职能力、胜任力测评相结合，将考核结果作为型号"两总"职务调整、培训及收入分配的主要依据。

集团公司定期开展型号科研生产管理评估，梳理型号科研生产中存在的问题，总结型号管理中取得的成功经验，推荐评选最佳实践项目，通过知识管理平台，实现型号"两总"知识的最大化共享，在不同型号间进行相互交流，相互借鉴，以增强型号"两总"把握全局的能力。

加强考核 严格要求

为加强对型号"两总"的考核、激励与监督，结合型号"两总"考核工作实际，根据新的形势和要求，集团公司研究制定了《中国航天科技集团公司型号"两总"考核管理办法》，并实行年度考核。

型号"两总"考核工作突出三个特点：一是定量考核与定性考核相结合；二是型号过程考核与结果考核相结合，其中，过程考核综合研究院和集团公司两个层面的评价意见，结果考核包含任务成功情况、节点完成率情况、节点调整率情况、型号发射场质量问题和型号研制过程质量问题情况等5项指标；三是型号情况和个人履职表现相结合。结合型号任务的复杂程度、技术难度、飞行试验情况和兼职型号数量等因素，以及型号"两总"所在单位对其个人履职情况的考核建议，围绕型号"两总"工作内容，确定考核结果。考核结果分为优秀、称职、基本称职和不称职四个等次，其中考核优秀的人数，一般不超过

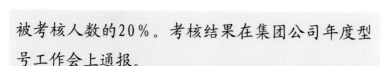

被考核人数的20%。考核结果在集团公司年度型号工作会上通报。

考核结果为优秀的型号"两总"，集团公司在职务晋升、薪酬收入、推荐专家、评选重大奖项、学习培训、出国进修等方面给予优先保证；对考核为不称职的，集团公司视不同情况采取免职、解聘或降级使用等措施。通过考核和实施有效的激励、奖惩措施，增强了型号"两总"的履职意识，激励他们不断提高自身综合素质，促使他们积极思考、统筹谋划型号后续发展，推动他们带领型号研制队伍攻坚克难，保证型号研制任务的圆满完成。

第五章

艰辛砺炼 造就帅才

一、航天帅才的人才特征

航天帅才总揽全局、把握方向、慧眼识人、运筹帷幄。他们在工程研制中一般为航天重大工程总师、航天型号系列总师或重点技术领域首席专家，统率着庞大的科研团队，为中国航天事业的发展做出了卓越贡献。航天帅才一般在多个专业领域造诣深厚，对系统工程管理思想精髓有着深刻的理解；具有勇于追求卓越的创新思维和能够把握事物本质的哲学思维，具有高度的敏锐性和洞察力，见微知著，触类旁通，具有进行全面风险决策的能力；意志坚韧，在挫折面前坚韧不拔、不轻言放弃；具有优秀的素养和品行，心胸宽广，有亲和力、凝聚力以及广泛的影响力。

通过对航天帅才成长案例进行分析，提炼出航

表5-1 航天帅才的主要特征

特征维度	特征要素
知识跨度	精通多领域专业知识
	对系统工程理论有深刻理解
	广泛的人文知识
能力层次	系统谋划
	勇担风险
	人格魅力
思维特点	系统思维
	战略思维
品格特质	兼收并蓄
	举重若轻
	追求卓越

天帅才的主要特征（见表5-1）。

航天帅才一般应具有系统的管理理念和丰富的管理经验，能够与时俱进，准确把握业务领域多学科发展趋势，具有运筹帷幄、掌控全局以及组织、管理大型团队的能力，在航天工程研制中具有坚持真理的勇气、海纳百川的胸怀。

二、航天帅才的成长规律

通过对航天帅才成长案例进行分析，总结出航天帅才的成长主要体现以下规律。

1. 艰辛的岗位砺炼是航天帅才成长的必经之路

航天帅才的成长一般都经过多个型号总师、总指挥等岗位的砺炼，领导过大系统、多型号的研制，担任过航天重大工程或国家重大科技专项总师、型号系列总师或专业领域首席专家，经历重重艰辛砺炼，才能成长为帅才。突出的一点是，航天帅才大多有过型号研制或发射失败的惨痛经历，往往都是历尽艰辛，备受折磨，才取得最终的成功，其间的辛酸非常人所能想象，正是这种痛苦的磨炼，塑造了航天帅才坚韧的心理意志和非凡的抗压能力。

2. 强烈的事业情怀是航天帅才成长的重要动力

航天帅才属于战略型技术人才和管理人才，是航天高层次科技人才队伍中的精英，是为数不多的"集大成者"，具有强烈的事业心和责任感。他们心系航天，满怀着对航天事业非比寻常的热爱和追求，时刻关注着航天事业的点滴发展，能够在理想与现实的矛盾中始终认准方向、阔步向前，即使在艰苦环境中，甚至在遭受巨大挫折时，依然百折不挠，心甘情愿地为航天事业和祖国发展奉献毕生的精力。这种强烈的事业情怀成为航天帅才成长的重要动力。

3．团队的合力助推是航天帅才成长的机制保障

航天帅才的成长离不开整个科研团队的大力协同和集体力量的有效助推。高水平的团队助推既能显著提升团队协作，又能为航天帅才的成长提供强大推动力。航天帅才正是在这种合力助推机制中，博采众长，吸纳集体智慧为我所用，提升多领域统筹能力及全局掌控能力，不断带动团队奋勇攻关，实现一次次的技术突破和自我突破。

三、航天帅才的自我提升关键

航天工程属于当今世界技术最复杂、难度最大的工程，涉及众多高新技术领域。"能将将者，谓之帅也"。航天帅才是战略型人才，必须在多个专业领域具有深厚的造诣，对系统工程精髓有深刻的理解，还应具有以国为重、以国为先的坚定信念，能够始终把航天事业与祖国的安危和国家的强盛紧密相连，把报效祖国作为神圣职责，做到善当伯

乐，甘为人梯。

1. 着眼长远，把握领域发展

航天帅才总揽全局，把握着航天技术的发展方向，能够慧眼识人、运筹帷幄。要成长为航天帅才，必须能充分发挥型号研制经历丰富的优势，系统梳理当前型号发展模式和瓶颈问题，积极探寻解决路径；必须在百忙之中抽出时间持续学习多领域的专业知识及航天领域最新知识，进一步深刻领悟系统工程理论，并遵循航天事业发展规律，把握事物发展本质，不断推动航天技术实现跨越式发展；要着眼未来，培养大局意识和全面风险决策能力，深入思考航天技术发展趋势，指导和推动研究论证，促进航天事业又好又快地发展。

2. 磨砺意志，勇于承受重压

航天工程的高难度和复杂性决定了其高风险性，型号研制常常伴随着失败的挑战和考验。要成长为航天帅才，不仅能够在顺境中成长，更要有为航天事业一往无前的信念，能够排除各种外来因素的干扰，以国家和航天事业发展为使命，数十年如一日地坚守在航天事业的第一线；必须拥有独特的个人魅力，品格高尚，在关键时刻勇于担当，敢于承担责任，不断提升自身修养，努力雕塑人格魅力；必须学会自我调适，不断增强心理承受能力；必须具有锲而不舍的精神、坚韧不拔的意志和极强的心理承受能力，勇于直面各种压力、挑战和质疑，即使在失败的境遇中，依然保持昂扬的斗志、坚定的信念，快速摆脱失败的阴影，总结教训，勇往直前。

历尽磨难 百炼成钢

龙乐豪，1938年7月出生于湖北省汉阳县，中国工程院院士，中国运载火箭技术研究院运载火箭系列总设计师，月球探测工程副总设计师。

1963年，龙乐豪从上海交通大学自动控制专业毕业后，到国防部第五研究院一分院工作。自此开始了在航天领域数十年

的艰辛耕耘。

在担任长征三号运载火箭总体主任设计师期间，龙乐豪判断低温推进剂将是未来运载火箭的发展方向，主张选用低温推进剂，不仅开辟了我国运载火箭技术的新领域，而且也填补了我国低温运载火箭的技术空白。

在担任长征三号甲系列运载火箭总指挥兼总设计师期间，龙乐豪积极倡导通用化、系列化、组合化的设计原则，组织攻克了八大关键技术，经济快捷地成功研制了达到世界一流水平的长征三号甲、乙、丙三种运载火箭。目前长征三号甲系列运载火箭已成为我国高轨道及对外发射服务的主力运载火箭之一，其中长征三号甲运载火箭被誉为"金牌火箭"。同时，龙乐豪还积极组织我国新一代运载火箭型谱的研究。

在不断向新高峰攀登的过程中，龙乐豪既感受过成功的喜悦，也经历过失败的挫折。1994年4月，他受命担任长征三号乙运载火箭总设计师，1996年2月，长征三号乙运载火箭载着国际通信卫星从西昌起飞，飞行不到22秒，火箭爆炸，星箭俱毁。他经受了痛苦的煎熬，承受了巨大的压力，一夜之间白了头。面对国内外的质疑和压力，龙乐豪直面困难和挑战，不卑不亢，带领研制团队卧薪尝胆，在挫折中奋起，用他的智慧和果敢、用他那种不达目的誓不罢休的意志，换来了火箭的再次腾飞，挽回了处于危机中的中国航天的声誉。

在年轻一代航天人眼里，龙乐豪身上总是闪现着智者的光芒。他的智慧、他的果敢、他的敏锐、他的坚韧，无处不体现着一位航天帅才的优秀素质。

四、航天帅才的组织培养关键

1. 精心选拔，委以重任

集团公司紧密结合航天系统工程的特点和科技领军人才的成长规律，从航天将才的培养、遴选和使用开始，就关注航天帅才的苗子；在对航天将才培养的整个过程中，集团公司坚持做到及时发现、大胆选拔、大力培养那些有系统思维能力、善于把握和推动技术进步，具有卓越的组织管理能力、注重自身修养并具有高尚人格魅力、德才兼备的帅才苗子，敢于突破传统思维，大胆放手使用，充分发挥他们的带动和引领作用，为他们的成长进步铺平道路。同时，对于年轻的帅才苗子，注重强化多型号和多专业领域的实践锻炼，促使他们丰富阅历，拓宽视野，增强其多领域的技术掌控能力和型号管理能力。

2．风口浪尖，百炼成钢

帅才是磨炼出来的。并非所有的优秀将才都能够顺利地成长为帅才，他们必须经过种种锻炼、经历重重磨难，屹立不倒，百炼成钢。航天重大工程往往与重大技术跨越紧密相连，跨越式发展常常伴随着在几乎不可能的情况下绝处逢生，在山重水复中闯出一条生路。航天帅才作为重大航天工程的领军人才，大多会在成长的过程中经历各种各样的失败与挫折的磨砺和锤炼。丰富的经历、艰辛的砺炼，使航天帅才们对重大工程有了更为深刻的理解，炼就了百折不挠的意志，形成了特有的人格魅力、领导力和凝聚力。

精心培养　砺炼成才

戚发轫，1933年4月出生于辽宁省复县，中国工程院院士。

1957年，戚发轫从北京航空学院毕业后，分配到国防部五院一分院从事导弹研究工作。1968年，经聂荣臻元帅亲点，戚发轫作为"航天十八勇士"之一，调到新成立的中国空间技术研究院，并被任命为东方红一号卫星的技术负责人之一。他在主持东方红一号卫星研制工作时，提出了完整的地面试验方案，为保证发射成功作出了贡献。

1983年，戚发轫被任命为中国空间技术研究院副院长，1991年担任院长，同期，接连被任命为东方红二号通信卫星总设计师、国内通信卫星工程第一副总设计师、风云二号气象卫星工程副总设计师等职务。他在主持东方红二号通信卫研制时，提出并建立了卫星可靠性设计规范和电子元器件可靠性中心，为提高卫星可靠性作出了贡献，为研制长寿命卫星积累了宝贵经验；在主持东方红三号第二代通信卫星研制时，采用公用平台、模块化设计原则和多项新技术，使中国通信卫星技术上了一个新台阶，并为后续卫星研制提供了一个技术成熟的公用平台。

1992年，戚发轫又被任命为中国载人航天工程载人飞船系统总设计师。在此期间，他经历了风云二号气象卫星爆炸和东方红三号通信卫星首发星在轨失效等重大挫折，面临着巨大的压力，但组织仍对其充分信任。他主持完成了载人飞船系统总体方案论证，提出了我国载人飞船三舱一段的构型，为工程成功奠定了技术基础。他还带领队伍解决了舱内异味、钝感火工品等关键技术问题，为飞船研制扫清了障碍。2003年10月15日，神舟五号载人飞船把我国首位航天员杨利伟成功送入太空并安全返回，标志着我国已成为世界上第三个独立掌握载人航天技术的国家。

3．汇集力量，集智攻关

在成就帅才的道路上，团队的精神、团队的力量是至关重要的。集团公司从事各种型号研制的工作团队之间既同台竞技又集智攻关，有困难共同克服、有余量共同掌握、有经验共同分享、有风险共同承担。通过团队合作，在攻坚克难的同时，树立帅才的威信。

集团公司十分注重发挥科技委作为"参谋部"和"智囊团"的作用，在重大航天工程立项前，组织科技委专家或相关领域专家对任务背景、关键技术、实现路径及研制进程等进行充分论证，对工程项目提出建议，明确专业技术发展方向，确定后续研制任务。在型号研制的重大节点，成立专家评审委员会，协助帅才对关键技术进行把关，并提出有针对性的建议或措施，确保型号研制顺利推进。

当型号研制遇到困难、挫折时，集团公司会在第一时间及时聚集各方面、各领域的优势力量和优秀人才，组成关键技术攻关小组，集思广益，集智攻关，协助帅才们攻克困难，战胜挫折，为帅才们提供有力支持。

集思广益 攻坚克难

中国空间技术研究院负责研制的鑫诺六号卫星于2010年9月5日在西昌卫星发射中心成功发射后，在轨运行期间出现高压气路泄漏问题。为弄清出现这一问题的原因及机理，清除隐患，保证后续型号研制成功，集团公司责成研究院即刻成立归零工作领导小组、归零工作专家组等组织机构，领导并实施分析与试验验证工作。其中，归零工作专家组由院士、型号"两总"、质量监督代表、工艺专家和控制与推进系统等专家组成，协助帅才对鑫诺六号卫星在轨问题进行分析，确定试验验证方案并组织实施。经专家组对鑫诺六号卫星遥测数据反复研究和论证，确定了地面试验验证方案并加以实施，找出了问题产生的原因，并采取有效措施，使鑫诺六号卫星成功变轨，目前卫星在轨工作正常。解决方案也为后续型号研制提供了可靠支撑和保障。同时，在解决问题的过程中，众多高水平专家的智慧、观点和认识，以及分析解决问题的方法，提升了帅才处置突发性问题和解决复杂性问题的能力。

重德修身 成就大家

一、航天大家的人才特征

中国航天事业创建50余年来，成就了一批德高望重的航天大家，他们是我国航天技术的开拓者、奠基人，是受人尊重的科学家、学术巨擘。他们将生命融入事业，与国家民族的命运紧密联系在一起，与航天事业的辉煌发展紧密联系在一起。

他们具有坚定的理想信念和强烈的爱国情怀；理论功底深厚，技术水平高超，将科学技术与工程理论的思想精髓融会贯通，在科学技术研究方法论方面有深厚的造诣；善于从全局的高度思考并解决从专业领域到事业发展的重大问题，善于把握和引领科技发展和创新，对航天技术领域的发展作出了开创性的贡献并产生了持续的影响；具有宽广的世界眼光、前瞻的战略思维、严谨的科学态度和非凡的创新精神，尊重规律、科学求实、锐意进取，学识和涵养深厚；襟怀坦荡，品行高洁，虚怀若谷，行为世范，具有高尚的人格魅力。

通过对航天大家成长案例进行分析，提炼出航天大家的主要特征（见表6-1）。

表6-1 航天大家的主要特征

特征维度	特征要素
知识跨度	多领域知识的融会贯通
	对科学技术的深刻理解
	厚重的人生体验
能力层次	宽广的国际视野
	非凡的创新胆识
	始终处于科技前沿
思维特点	战略思维
	科学思维
	哲学思维
品格特质	德高望重
	虚怀若谷
	无私忘我
	重德修身

二、航天大家的成长规律

航天大家自我价值的实现过程，通常都伴随着航天事业发展的重要进程。其成长离不开自身的努力，更离不开祖国的栽培。

通过对航天大家成长案例进行分析，总结出航天大家的成长主要体现如下规律。

1. 强烈的爱国热情和报国情怀的驱动

航天大家为国家富强、民族振兴不懈奋斗，强烈的爱国情怀使他们在各个阶段都能从容抵制物质利益的诱惑，一心扑在航天事业上，全心全意为祖国、为人民服务。

2. 追求科学真理的执着和坚持创新精神的始终如一

航天大家一生都弘扬科学精神，为中华民族的伟大复兴刻苦努力，不断超越自我，追求卓越成就，树立科学风范，缔造创新奇迹，为科学事业奋斗终身。为了航天事业的发展，他们虚怀若谷、虚心学习，时时刻刻都在学习新知识、新理论，汲取新营养，获取更大的思考空间，为航天事业奉献一生，充分实现自我价值。

3．渊博知识的积累和人文素养的兼修

航天大家都具有渊博的知识，为科技创新奠定了坚实的基础。同时又注重人文科学、人文精神等人文素养的自我修炼。他们将科学精神与人文精神完美结合，既是科学创新的集大成者，又对各种人文精神高度珍视，用科学思维为人文精神提供理性武器，又用人文精神为科学发展指明方向，最终达到人生自我实现的最高境界。

三、航天大家的自身修养

1．忠于祖国，忠诚事业

航天大家作为学术巨擘，备受世人的尊敬和仰慕。要成长为航天大家，就必须忠于祖国，忠诚航天事业，时刻胸怀报国之志，时刻关注航天发展，矢志不渝，做到"富贵不能淫，贫贱不能移，威武不能屈"；要心系航天，率先垂范，无私忘我，志存高远，坚持不懈，为维护祖国发展的长远利益、促进航天事业的全面繁荣、提升航天事业的国际地位而奋斗终身。

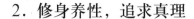

2．修身养性，追求真理

修身养性是航天大家的做人之本，追求真理是航天大家永不改变的人生目标。要成为航天大家，必须不断修身、养性、修行，具有奉献航天的坚定信念和远大志向，勇于承担航天事业赋予的历史使命，在长期的系统工程实践中塑造高尚人格；要不断提出新思想、新理论、新方法，探索未知世界、求证事物本质，把追求真理、坚持真理、捍卫真理作为人生的最高境界。

3．致广尽微，德厚业精

尊德行而道问学，致广大而尽精微，是广为传诵的大家风范。航天大家重德修身，德高望重，是世人景仰的道德楷模。要想成为航天大家，必须致广尽微，德厚业精，尊崇道德本性，注重品格塑造，好学善问，学贯中西，既致力于达到宽广博大的宏观境界，又尽心于精细详尽的微观之处，使自己的知识达到触类旁通的境界，使自己的德行发扬光大，呈现出高尚光明的和谐之境。

四、航天大家的关键作用

1. 科技报国，引领航天发展

航天事业是一个国家经济实力、科技实力的集中体现，也是一个国家兴旺发达的重要标志，对于提高一个国家的国际地位具有不可替代的作用。在中国航天半个多世纪的发展历程中，党中央、国务院作出了包括"两弹一星"、载人航天工程和月球探测工程在内的一系列重大战略决策，为中国航天事业的发展指明了方向，也为航天大家的成长搭建了广阔的舞台。航天大家以无私奉献的爱国情怀、严谨务实的科学态度和勇攀高峰的创新精神，大胆实践，探索求新，不断引领航天事业发展。

航天事业的奠基人

钱学森，1911年12月出生于浙江省杭州市，享誉海内外的杰出科学家，我国航天事业的奠基人，原中国科学院、中国工程院院士。

1955年10月，在党中央的关怀下，钱学森冲破重重阻挠回到祖国，使中国的航天事业在创建之初就有了挂帅良将。

1956年2月1日，毛泽东主席接见了钱学森，向他询问有关问题。"外国人能办到的，我们中国人不比别人笨，中国人一定可以办到！"钱学森的回答让毛主席发展尖端科技的决心更加坚定。

1956年2月17日，在周恩来总理的鼓励下，钱学森给国务院写了《关于建立中国国防航空工业的意见书》，为中国发展火箭和导弹技术提出了重要的规划设想。4月13日，国务院成立了以聂荣臻副总理为主任的航空工业委员会，钱学森被任命为委员。国家制订了《1956至1967年科学技术发展远景规划纲要（草案）》，确定了"重点发展、迎头赶上"和"以任务带学科"的方针，在提出的57项重点任务中，特别强调发展原子能、火箭和喷气技术、电子计算机、半导体等新兴技术。1956年10月8日，国防部五院成立，钱学森被任命为院长。任新民、屠守锷、黄纬禄、梁守槃等一批从海外归来的高端专业人士和新中国培养起来的年轻专家陆续投身航天，聚集在钱学森身边，分别承担火箭发动机、导弹总体与控制等开创性工作。作为技术总负责人，钱学森组织完成了我国中近程地地导弹和第一颗人造地球卫星的研制发射任务，创造了"两弹一星"的辉煌业绩，奠定了中国在国际上的大国地位。他总结提出的系统工程理论，是航天技术发展的重要理论基础，推动了航天技术的跨越式发展，并广泛应用于国防科技、国民经济和社会管理的各个方面，在我国现代化建设中发挥了重要作用。

胡锦涛总书记在看望钱学森时说："您作为中国火箭、导弹和航天计划的技术领导人，精心组织攻关会战，为'两弹一星'事业的成功倾注了大量心血，建立了卓越功勋。从领导岗位上退下来以后，您仍然关心国家现代化建设，关注科技事业发展。您为中国经济、科技、国防建设作出的突出贡献，党和人民永远不会忘记。"

钱学森曾经说过："我作为一名中国的科技工作者，活着的目的就是为人民服务。如果人民最后对我的一生所做的工作表示满意的话，那才是最高的奖赏。"这段简短的人生座右铭，就是他为祖国为人民鞠躬尽瘁、一生以科学态度追求真理的真实写照。

2. 高瞻远瞩，支撑重大决策

中国航天事业的发展，成功实践和总结了系统工程的理论和方法。在长期的航天工程管理实践中，航天大家纷纷走向了大系统总师和航天系统领导岗位，他们将科学技术与工程理论的思想精髓融会贯通，从全局的高度思考并解决从专业领域到事业发展的重大问题，敢于突破传统观念和思维定势，研究别人没有研究过的科学前沿问题。他们既是学术权威，又是科学伯乐。他们虽然年事已高，但仍然在为航天事业默默奉献，对航天的重大发展战略制定、重点型号工程立项、重大技术路线选择和共性关键技术攻关等进行论证把关，提出咨询建议，为领导决策提供强有力的技术支持。

航天事业的中流砥柱

任新民、屠守锷、黄纬禄和梁守槃是广受尊敬的"航天四老",他们是中国导弹和航天事业的主要开拓者。"航天四老"十分重视科技发展方向、发展战略、规划和计划的制订工作,也注重通过科研生产实践,积累科技管理经验。这些从实践中总结出来的经验和方法,对各类导弹与航天型号的研制和发展都起到了至关重要的作用。

　　任新民，1915年12月出生于安徽省宁国市，中国科学院院士，中国航天科技集团公司和中国航天科工集团公司高级技术顾问，中国人民解放军总装备部科技委顾问。

　　任新民相继领导和组织了中程、中远程、远程液体弹道式地地导弹等多种液体火箭发动机的研制、试验工作。他是长征一号运载火箭的总设计师。他领导组织了氢氧发动机、长征三号运载火箭和整个通信卫星工程的研制试验。在长征三号运载火箭第三级是采用常规发动机还是采用氢氧发动机的争论中，任新民从技术先进性和运载火箭长远发展角度出发，据理力争，为氢氧发动机方案的最终确定立下了汗马功劳，从而奠定了长征三号甲系列运载火箭持续辉煌的基础。

　　屠守锷，1917年12月出生于浙江省湖州市，中国科学院院士，中国航天科技集团公司和中国航天科工集团公司高级技术顾问，中国人民解放军总装备部科技委顾问。

屠守锷是中国远程导弹和长征二号运载火箭的总设计师，主持解决了若干重要型号中的一系列关键技术问题。在中国自行设计的第一枚中近程导弹出师不利、首飞试验坠毁的情况下，屠守锷临危受命，带领团队开展全系统的研究，经过两年刻苦攻关，终于走出阴霾，成为了导弹事业发展的转折点。修改设计后的导弹连续8次飞行试验取得成功，中国第一代火箭设计人员在实践中经受了锻炼，并总结出了"型号研制必须按照研制程序办事；充分做好地面试验和加强总体协调"等宝贵经验，使后续航天型号研制工作有章可循。他参与了中国火箭技术发展重大战略问题的决策，从技术上主持制定了中国运载火箭的研究发展规划。

黄纬禄，1916年12月出生于安徽省芜湖市，中国科学院院士，中国航天科技集团公司和中国航天科工集团公司高级技术顾问。

黄纬禄是中国第一代水下发射固体弹道导弹的总设计师。他带领广大科技人员和技术工人，按照

边进行技术方案的论证与设计、边进行关键技术攻关、边进行技术基础和条件建设的原则，攻克了一系列技术关键，创造性地研制成功了中国第一代潜艇水下发射的固体弹道导弹，填补了中国这一武器装备的空白。尔后，又将其技术移植到陆基导弹，研制成功了陆基固体弹道导弹武器系统，使中国的国防实力又一次得到实质性增强。他通过型号研制工作实践，总结了"四个共同"，即"有问题共同研究，有困难共同克服，有余量共同掌握，有风险共同承担"。

梁守槃，1916年4月出生于福建省福州市，原中国科学院院士，中国航天科技集团公司和中国航天科工集团公司高级技术顾问。

梁守槃在第一枚弹道导弹东风一号、第一枚自行设计的地地弹道导弹东风二号等一系列导弹与航天事业的开拓性工作中，都作出了独到而重要的贡献。20世纪50年代末，梁守槃主持仿制P-2导弹的总体技术工作，在遇到一系列技术关键和难题时，他"不唯权、不盲从"，敢于提出明确的意见，敢于坚持真理，用事实证明中国生产的液氧可以把导弹送上天。

他是中国第一任海防导弹武器系统的总设计师。长期分管海防导弹技术研究工作，他提出了一系列关于这类导弹的发展规划，并主持和组织研制成功亚声速、超声速、小型固体三个系列的岸对舰、舰对舰、空对舰等多种海防导弹。

3. 融入大业，传承航天精神

中国航天从一开始，就踏上了一条"自力更生、艰苦奋斗、勇攀高峰"的发展道路。航天大家始终将生命融入事业之中，与国家民族的命运紧密联系在一起，与航天事业的发展紧密联系在一起。他们始终保持清醒的头脑和高度的政治敏锐性，凝聚和弘扬航天精神，传承严、慎、细、实的优良作风。在党和政府的亲切关怀下，在全国人民的大力支持下，在航天大家的薪火相传中，中国航天成为了"出成果、出人才"的一片沃土，一支忠于祖国、献身事业、能打硬仗的航天科技队伍逐渐成长起来，不断创造辉煌业绩，挺起了民族脊梁。

航天科技人员的楷模

孙家栋，1929年4月出生于辽宁省复县，中国科学院院士，"两弹一星"元勋，2009年度"国家最高科学技术奖"获得者，中国航天科技集团公司高级技术顾问。

孙家栋秉承"国家需要，我就去做"的理念，亲历、见证、参加、领导了中国航天从起步到现今的全过程，他是人造卫星和深空探测技术的开创者之一，为我国突破卫星基础技术、卫星返回技术、地球静止轨道卫星发射和定点技术、导航卫星组网技术和深空探测基本技术作出了重大贡献；为创建和发展我国人造卫星总体技术、航天工程管理技术、深空探测技术和卫星导航技术，作出了系统性、开拓性、创造性的贡献。

1967年，中国空间技术研究院成立，由首任院长钱学森亲自点将，38岁的孙家栋担任第一颗人造地球卫星东方红一号的总体设计负责人。孙家栋大胆地提出对原来的卫星方案进行简化，把卫星研制计划分为两步走，即先用最短的时间实现卫星上天，在解决了有无问题的基础上，再研制带有探测功能的应用卫星。他无私无畏的精神得到了领导的支持，卫星总体技术指标得以及时确定，卫星研制计划在特殊环境下顺利进行。他回忆起那段历史时说："在当时那种技术条件、物质生活、工作环境下，用那么短的时间做成这样一件大事，是大力协同、无私奉献的航天精神起了关键性的作用。"

孙家栋是我国月球探测的主要倡导者之一，提出了2020年前我国月球探测工程分三个阶段的实施方案，明确了我国月球探测的发展方向、目标和路线图。他担任月球探测一期工程的总设计师，确定了工程目标和工程总体方案，对工程各系统的技术途径作了重要决策。

如今，孙家栋仍然活跃在我国航天型号研制的第一线，肩负着北斗导航工程总设计师和月球探测工程高级顾问的重任。他为人正直，顾全大局，善于综合，敢于决策。他十分重视人才培养，通过航天工程实践，培养了一批优秀的航天科技人才。他的业绩受到我国航天界广大科技人员的敬佩和赞誉。

孙家栋曾经动情地说："搞了一辈子航天，航天已经像我的'爱好'一样，这辈子都不会离开了。"他将自己取得的成就归功于党和国家的坚强领导与大力支持，归功于航天老前辈的大胆提携，归功于同志们的鼎力相助。他说："我能够主持卫星总体设计工作，得益于中国航天事业的稳步发展。是中国航天事业的发展为自己提供了'平台'，是中国航天事业的发展成就了自己。航天的事情一丝一毫都马虎不得，每个人手中的事情看似不大，但集合起来就是事关成败、事关国家经济利益的大事情，不论是哪个航天人，他都会想尽一切办法把事情办好。如果要说我自己，那我也就是那千千万万航天大军中的一分子。"而对于自己的工作，他谦逊地说："如果非要给自己几十年的工作打分，按五分制的话，我打三分吧。"

第七章

跨越发展 人才推进

目前，随着世界政治、经济、军事和科技的迅猛发展，世界各国越来越认识到航天科技工业是提高综合国力和核心竞争力的重要途径及手段。为争夺、开发、利用和控制太空资源，美国、俄罗斯、欧空局、日本和印度等国家和机构纷纷制定新的航天发展战略，出台目标宏伟、规模宏大的航天发展规划，形成了国际太空竞争的新格局。特别是美国、欧空局、日本相继推出新型火箭研制计划，加速发展小型运载火箭；其他各国民用卫星研制进展加速，对地观测卫星、通信卫星和导航定位卫星成为发展重点；美国、俄罗斯开辟载人航天运输系统发展新途径，国际空间站即将建成；深空探测计划持续推进，月球和火星将在相当长的一段时期成为深空探测活动的重点。

同时，人才竞争的国际化趋势日益显现，世界各国围绕包括航天科技工业在内的战略性新兴产业竞相制定人才发展战略，在全球范围内吸引人才、聚集人才。发达国家凭借其强大的经济实力和科技实力，制定了吸引高层次科技人才的移民政策和人才引进计划。美国把科技人才战略作为国家发展战略，制定了《竞争力计划》，提出"造就21世纪最优秀的科学家和工程师"等一系列战略目标，并长期保持世界最大规模的教育投入和创新投入，同时多次修订移民法，对高层次人才给予入籍优惠，鼓励有特殊专长的外国人赴美工作；德国投入上亿欧元实施"赢取大脑"工程，为各国高水平研究人才提供优厚的研究基金，重金吸引全球高端科技人才；日本通过发展涉外经济招揽海外人才，以政府为主导打造引才环境，吸引高端优秀人才。

作为航天科技工业的主导力量，集团公司肩负着富国强军的神圣使命，承担着推动我国从航天大国向航天强国迈进和建设创新型国家的历史责任。为应对新的形势与挑战，未来五年，集团公司将全面构建航天科技工业新体系，努力建设成为自主创新能力强、科技发展水平高、产业发展能力强、军民融合程度高、国际竞争能力强、经营管理水平高的国际一流大型航天企业集团，实现宇航系统、导弹武器系统、航天技术应用产业、航天服务业等四大主业的转型升级和协调发展，到2015年实现总收入2500亿元，进入世界大型航天企业集团前5名。

集团公司将全面实施以载人航天工程二期、月球探测工程二期、第二代卫星导航系统、高分辨率对地观测系统、新一代运载火箭为代表的国家重大科技专项和重大工程任务，完成核心电子器件、高端通用芯片及基础软件产品等专项研究任务，同时积极推动重型运载火箭、载人登月、深空探测等新的重大专项立项实施和关键技术攻关。未来五年，集团公司将发射百箭百星，在轨卫星数量突破100

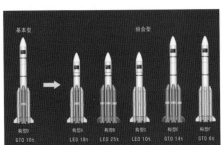
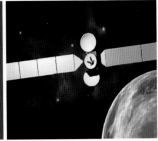

颗，开展空间交会对接和建立空间实验室活动，实现月球表面软着陆和月面巡视勘测，完成北斗导航工程第二步计划，完成新一代运载火箭基本型研制并实现首飞。

人才是企业的兴盛之基、发展之本。作为高科技、探索性、系统性的航天事业，更需要一支结构合理、专业配套、素质优良、各类人才协调发展的人才队伍。面对集团公司"十二五"期间光荣而艰巨的任务，必须要在人才战略上更快一步，着力打造人才竞争比较优势，在激烈的竞争中掌握战略主动，为航天事业的可持续发展提供强有力的人才支撑。但与集团公司快速发展的要求相比，目前集团公司在科技人才培养与队伍建设工作中仍存在一些问题，包括人才的考核、评价、激励机制还需进一步完善，一些关键岗位和重要专业领域高层次人才不足，部分型号研制队伍的专业水平和能力与承担的繁重科研生产任务要求存在差距，年轻队伍在传承航天精神和培养严、慎、细、实的工作作风方面还有待加强，等等。

为适应新形势、新任务和集团公司跨越发展对人才的需要，集团公司人才队伍建设工作将进一步解放思想、改革创新，按照骨干、专才、将才、帅才、大家的不同成长规律，以培养高层次、创新型人才为重点，以市场配置人才为手段，以发现人才、用好人才、培养人才、服务人才为宗旨，充分利用国内、国外两种人才资源，建立并完善开放、竞争、择优的人才工作机制，构建科学规范、运行高效、充满活力的人力资源管理新体系。要以重大工程、重点型号和重大产业化项目为依托，大力实施创新人才开发计划、科技领军人才培养计划，着力建设一批以高层次专家命名的实验室和科技人才创新团队，培养造就一大批系统思维能力强、专业

技术和风险掌控水平高、在专业技术领域贡献突出的科技领军人才，在激烈的人才竞争中占领人才制高点，为实现航天事业科学发展提供强有力的人才支撑和智力保障。

中共中央、国务院制定下发的《国家中长期人才发展规划纲要（2010-2020年）》，把培育创新型科技人才摆在突出重要的地位。集团公司将努力深化对人才成长规律的认识，通过对航天高层次科技人才成长规律的研究，为加速高层次科技人才培养提供支撑，开创高层次科技人才队伍建设的新局面，不断谱写航天事业发展的新篇章。同时，为相关领域高层次科技人才培养提供借鉴，为建设创新型国家、推动经济社会又好又快发展作出新的更大的贡献。